KERNENERGIE

Eine kritische Bestandsaufnahme

Philipp Frühwirth

INHALT

WAS IST NUKLEARE ENERGIE UND WIE FUNKTIONIERT SIE?

Nukleare Energie ist eine der umstrittensten Formen der Energiegewinnung, aber auch eine der wichtigsten. Sie ist eine Form der Energie, die durch die Kernspaltung von Uran- oder Plutoniumatomen gewonnen wird. Diese Energie kann in Form von Wärmeenergie verwendet werden, um Turbinen anzutreiben, die Strom erzeugen. Im Gegensatz dazu beruhen erneuerbare Energieressourcen wie Wind- und Solarenergie auf den Prozessen der Sonne und der Gezeitenkräfte.

Im Jahr 1938 entdeckten Otto Hahn und Lise Meitner, dass schwere Atomkerne durch den Beschuss von Neutronen in leichtere Kerne zerfallen können. Diese Entdeckung des Prozesses, der als Kernspaltung bekannt wurde, ermöglichte die Entdeckung der nuklearen Energie. Diese Entdeckung war für die Energieversorgung von entscheidender Bedeutung, da sie im Gegensatz zu anderen Energiequellen wie Kohle, Erdöl und Gas unabhängig von Faktoren wie dem Wetter oder geografischen Beschränkungen ist.

Die nukleare Energie wurde zunächst für militärische Zwecke verwendet, als ein Team von Wissenschaftlern im Rahmen des Manhattan-Projekts die erste Atombombe entwickelte. Sie wurde erstmals in den 1950er Jahren für zivile Zwecke eingesetzt, wobei der erste kommerzielle Kernreaktor 1954 in Obninsk in der Sowjetunion in Betrieb genommen wurde.

Heutzutage wird nukleare Energie in vielen Teilen der Welt zur Stromerzeugung eingesetzt. Kernenergie liefert in Europa, Nordamerika und einigen asiatischen Ländern einen erheblichen Teil der Stromversorgung. In einigen Ländern, wie Frankreich und Litauen, macht die Kernenergie sogar einen Großteil der Stromerzeugung aus.

Die Funktionsweise von Kernreaktoren ist relativ einfach. Der Reaktor enthält Spaltmaterialien, in der Regel Uran oder Plutonium, die bei Einwirkung von Neutronen in kleinere Fragmente (wie Xenon, Barium und Krypton) aufgespalten werden. Dabei wird Wärmeenergie freigesetzt, die genutzt wird, um Wasser zu erhitzen und in Dampf umzuwandeln. Der Dampf treibt dann Turbinen an, um Strom zu erzeugen.

Einige der größten Bedenken im Zusammenhang mit der nuklearen Energie sind die Sicherheitsrisiken, die während der Stromproduktion auftreten können, sowie die Entsorgung von radioaktivem Abfall. Allerdings besteht durchaus die Möglichkeit, Risiken zu mindern und die Sicherheit zu verbessern, so dass die nukleare Energie auch weiterhin eine wichtige Rolle bei der Energieversorgung der Welt spielen kann.

In diesem eBook werden wir genauer untersuchen, was nukleare Energie ist, wie sie funktioniert und was ihre Vor- und Nachteile sind. Wir werden uns auch kritisch mit der Kraftwerksicherheit, der Entsorgung von radioaktivem Abfall und anderen Herausforderungen im Zusammenhang mit dieser Form der Energiegewinnung auseinandersetzen.

DIE ENTDECKUNG DER KERNSPALTUNG UND IHRE BEDEUTUNG FÜR DIE ENERGIEGEWINNUNG

Die Entdeckung der Kernspaltung war ein bahnbrechendes Ereignis in der Wissenschaftsgeschichte. Im Jahr 1938 entdeckten die deutschen Physiker Otto Hahn und Fritz Strassmann durch Zufall, dass sie Uranatome in zwei leichtere Atome aufspalten konnten, wenn sie sie mit Neutronen bestrahlten. Diese Entdeckung war nicht nur von wissenschaftlichem Interesse, sondern sie hatte auch erhebliche Auswirkungen auf die Energiegewinnung und die Weltwirtschaft.

Die Kernspaltung kann auf verschiedene Arten genutzt werden, um Energie zu produzieren. Eine Möglichkeit besteht darin, die bei der Spaltung freigesetzte Energie direkt zu nutzen, um Dampf zu erzeugen und damit Turbinen anzutreiben, die wiederum Strom produzieren. Eine andere Möglichkeit besteht darin, die bei der Spaltung freigesetzten Neutronen zu nutzen, um weitere Uranatome zu spalten und so eine Kettenreaktion auszulösen. Dies ist das Prinzip der Kernreaktoren, die zur Stromerzeugung genutzt werden.

Die erste praktische Anwendung der Kernspaltung zur Energieerzeugung war der Bau des ersten Kernreaktors im Rahmen des Manhattan-Projekts. Der Reaktor war Teil des Projekts zur Entwicklung der Atombombe und wurde im Jahr 1942 in Chicago gebaut. Die erzeugte Energie wurde jedoch zur Herstellung von Plutonium für die Atombombe genutzt und nicht zur Stromerzeugung.

Nach Ende des Zweiten Weltkriegs begannen verschiedene Länder, Kernreaktoren zur Stromerzeugung zu bauen. Die USA waren das erste Land, das einen solchen Reaktor baute, nämlich den Shippingport-Reaktor im Jahr 1957. In den folgenden Jahrzehnten wurden weltweit immer mehr Reaktoren gebaut, vor allem in den USA, Russland, Frankreich und Japan.

Die Kernenergie wurde als eine vielversprechende Energiequelle gesehen, die sauber und sicher war und eine unbegrenzte Menge an Energie produzieren konnte. Zudem konnte sie als Alternative zu den begrenzten fossilen Brennstoffen dienen, die immer teurer und knapper wurden. Allerdings stellte sich bald heraus, dass die nukleare Energie keineswegs so unproblematisch war, wie es zunächst schien.

Die Sicherheit von Kernreaktoren war ein großes Thema, insbesondere nach der Katastrophe von Tschernobyl im Jahr 1986. Der Reaktorunfall führte nicht nur zu vielen Toten und Verletzten, sondern auch zu hohen Strahlenbelastungen und evakuierten Gebieten. Auch der Unfall von Fukushima im Jahr 2011 zeigte erneut, dass die Kernenergie Risiken birgt.

Die Kosten für den Bau und den Betrieb von Kernreaktoren waren ebenfalls sehr hoch und es gab große Herausforderungen bei der Entsorgung des radioaktiven Abfalls. Zudem wurde die Kernenergie immer mehr von erneuerbaren Energien wie Solarenergie und Windkraft verdrängt, die inzwischen günstiger und sicherer sind.

Insgesamt hat die Entdeckung der Kernspaltung und die Entwicklung der Kernenergie eine große Bedeutung für die Weltwirtschaft und die Energieversorgung gehabt. Allerdings hat sich gezeigt, dass die nukleare Energie auch erhebliche Risiken bietet und dass Alternativen wie erneuerbare Energien vielversprechender sind.

DIE VERSCHIEDENEN ARTEN VON KERNREAKTOREN

Es gibt verschiedene Arten von Kernreaktoren, die je nach ihrem Design und ihrer Funktionsweise unterschiedliche Eigenschaften aufweisen. Jede Art hat ihre eigenen Vor- und Nachteile, was sich auf ihre Energieeffizienz, Wartung, Sicherheit und Umweltauswirkungen auswirkt.

1. Druckwasserreaktor (DWR)

Der Druckwasserreaktor ist der häufigste Industrialisierrektor der Nuklearbranche. Er arbeitet mit moderierten Neutronen und einem Kühlkreislauf-System. Sein Design besteht aus einem Druckbehälter, in dem das Kühlwasser durch die hocherhitzten Brennstäbe geleitet wird, um die entstehende Wärme aufzunehmen. Das abgekühlte Wasser wird dann durch den Sekundärkreislauf geleitet, wo es das Was-ser im Dampferzeuger erhitzt und den Dampf in eine Turbine leitet, um elektrischen Strom zu erzeugen. Der DWR ist sicher und zuverlässig.

2. Schneller Brüterreaktor (SBR)

Der Schnelle Brüterreaktor ist ein schneller Neutronen-reaktor, der das Uran-238 in Plutonium-239 umwandelt, wodurch der Brennstoffzyklus erweitert wird. Er kann mehr Brennstoff produzieren als er verbraucht, und produziert somit mehr Energie. Der SBR ist schneller und kompakter als andere Reaktoren, ist aber anfälliger für Unfälle und hat höhere Kosten.

3. Schwerwasserreaktor (HWR)

Der Schwerwasserreaktor ist ein Druckwasserreaktor, der mit schwerem Wasser als Moderator und Kühlmittel arbeitet. Das schwere Wasser hat eine höhere Dichte als normales Wasser und kann daher mehr Neutronen einfangen und moderieren. Der HWR kann mit natürlicher Uran-brennstoff arbeiten. Allerdings verursacht die Herstellung des schweren Wassers hohe Kosten und es gibt Bedenken bezüglich der Sicherheit im Falle von Lecks.

4. Grafitti-Moderatorreaktor (GMR)

Der Grafitti-Moderatorreaktor ist ein Schwerwasserreaktor, der mit grafitbeschichteten Brennstäben arbeitet. Das Grafit wirkt als eine Art Moderator, indem es die Neutronen abbremst und das Brennen des Kernbrennstoffs ermöglicht. Der GMR hat eine höhere Energieerzeugung im Vergleich zu anderen Reaktoren und ist daher wirtschaftlicher. Allerdings ist seine Sicherheit fraglich, da das Grafit bei hohen Temperaturen ein brennbares Gas abgibt.

5. Flüssigsalzreaktor (FSR)

Der Flüssigsalzreaktor ist ein rechnergesteuerter Reaktor, der flüssiges Salz als Kraftstoff und Kühlung verwendet. Das Salz kann höhere Temperaturen als Wasser aushalten, was zu einem höheren Wirkungsgrad führt. Der FSR hat das Potenzial, radioaktive Abfälle zu reduzieren und nutzt eine sichere Reaktordesign. Allerdings gibt es Herausforderungen bei der Handhabung von flüssigen Salzen und dem Starten und Stoppen des Reaktors, da das Salz abkühlen muss, um fest zu werden und somit ein Risiko für Unfälle birgt.

Insgesamt gibt es viele verschiedene Arten von Kernreaktoren, die alle ihre Vor- und Nachteile haben. Die Wahl der Reaktortechnologie basiert auf Faktoren wie Effizienz, Sicherheit, Umweltfreundlichkeit und Wartung. Es gibt enorme Anstrengungen, sichere und wirtschaftliche Nuklearenergie voranzutreiben, um das Energiebedarf der Welt zu decken.

VOR- UND NACHTEILE DER NUKLEAREN ENERGIE

Die nukleare Energieproduktion hat wie jede andere Technologie sowohl Vor- als auch Nachteile. In diesem Kapitel werden wir einige Vor- und Nachteile dieser Technologie diskutieren.

Vorteile der nuklearen Energie

1. Geringere Treibhausgasemissionen: Im Vergleich zu Kohle, Gas und Öl produziert die nukleare Energieproduktion weniger Treibhausgase wie Kohlenstoffdioxid und Stickoxide, was erheblich zur Reduzierung des Klimawandels beitragen kann.

2. Kontinuierliche Energieversorgung: Kernreaktoren können kontinuierlich Strom produzieren, was auch bei der Verwendung von erneuerbaren Energien wie Solarenergie und Windkraft eine wichtige Rolle spielt. Insbesondere während kritischer Zeiten wie Witterungsextremen kann nukleare Energie eine ständige Stromversorgung garantieren.

3. Geringere Abhängigkeit von fossilen Brennstoffen: Eine Erhöhung der nuklearen Energieproduktion kann dazu beitragen, die Abhängigkeit von fossilen Brennstoffen zu verringern, was wiederum die nationale Energieversorgungssicherheit erhöhen kann.

4. Höhere Energieeffizienz: Kernreaktoren haben eine höhere Energieeffizienz im Vergleich zu anderen Technologien. Eine Kernbrennstoffstange von einem Kilogramm gewinnt mehr Energie als eine Tonne Kohle.

Nachteile der nuklearen Energie

1. Radioaktiver Abfall: Die Produktion radioaktiver Abfälle

ist ein großes Problem in der nuklearen Energieproduktion. Dieser Abfall muss sorgfältig und sicher entsorgt werden, um Umweltverschmutzung und menschliche Gesundheitsrisiken zu vermeiden.

2. Reaktorunfälle: Kernreaktorunfälle wie Tschernobyl und Fukushima haben die Risiken der nuklearen Energieproduktion deutlich gemacht. Ein Unfall im Kraftwerk kann verheerende Auswirkungen auf Menschen und Umwelt haben.

3. Sicherheitsrisiken: Der Bau, Betrieb und die Entsorgung von nuklearen Ausrüstungen und Anlagen birgt erhebliche Risiken, einschließlich der Möglichkeit von Atomwaffenterrorismus und Sabotage.

4. Hohe Kosten: Der Bau und Betrieb von Kernreaktoren erfordert erhebliche Investitionen, was zu höheren Strompreisen führen kann. Die Kosten für den Bau und Betrieb von Kernkraftwerken sind höher als bei anderen Technologien wie erneuerbaren Energien.

Fazit

Die nukleare Energieproduktion hat Vor- und Nachteile. Einige Menschen bevorzugen diese Technologie, da sie das Potenzial hat, die Energieversorgungssicherheit zu erhöhen und zur Reduzierung von Treibhausgasemissionen beizutragen, während andere sie aufgrund ihrer hohen Kosten und Sicherheitsrisiken bevorzugen. Es ist wichtig, alle Vor- und Nachteile sorgfältig zu bewerten, um fundierte Entscheidungen zu treffen.

DIE SICHERHEIT VON KERNREAKTOREN

Die Sicherheit von Kernreaktoren ist ein Thema, das immer wieder hitzig diskutiert wird. Der Betrieb von Kernreaktoren erfordert besondere Sicherheitsvorkehrungen, um die Risiken von Unfällen und Störfällen zu minimieren. In diesem Kapitel werden wir uns näher mit den Sicherheitsaspekten von Kernreaktoren befassen.

Zunächst ist es wichtig zu wissen, dass die Sicherheit von Kernreaktoren heute ein sehr hohes Niveau erreicht hat. Die Entwicklung von Technologien und Sicherheitsstandards hat dazu beigetragen, das Risiko von ernsthaften Unfällen zu minimieren. Auch die gesetzlichen Vorschriften haben in vielen Ländern dazu beigetragen, dass bestmögliche Sicherheitsstandards umgesetzt wurden.

Um die Sicherheit eines Kernreaktors zu gewährleisten, müssen technische Vorkehrungen getroffen werden. Ein wichtiger Aspekt ist die Kontrolle der Kernspaltprozesse. Dabei müssen die Kettenreaktionen kontrolliert ablaufen, um eine Überhitzung und damit eine Explosion des Reaktors zu verhindern. Moderne Kernreaktoren sind mit computergesteuerten Systemen ausgestattet, die die Reaktorleistung automatisch regulieren und überwachen.

Ein weiterer wichtiger Aspekt bei der Sicherheit von Kernreaktoren ist der Schutz gegen radioaktive Strahlung. Hierbei spielt sowohl die Abschirmung der Anlage als auch die Schutzausrüstung für das Bedienpersonal eine wichtige Rolle. Es muss sichergestellt werden, dass das Personal der Anlage keinen gefährlichen Strahlungen ausgesetzt ist.

Eine große Herausforderung bei der Sicherheit von Kernreaktoren ist die Entsorgung von radioaktivem Abfall. Hierbei müssen besondere Vorsichtsmaßnahmen getroffen werden, um radioaktive Kontaminationen der Umwelt zu vermeiden. Die Lagerung von radioaktivem Abfall ist deshalb ein wichtiger Aspekt bei der sicheren Betreibung von Kernreaktoren.

Trotz aller technischen Vorkehrungen bleibt die Sicherheit von Kernreaktoren jedoch ein sensibles Thema. Immer wieder gibt es Störfälle oder Unfälle, die die öffentliche Meinung verunsichern. Die Atomkatastrophen von Tschernobyl und Fukushima haben gezeigt, dass auch bei den bestmöglichen Sicherheitsvorkehrungen das Risiko von Unfällen nicht vollständig ausgeschlossen werden kann.

Insgesamt kann man jedoch sagen, dass die Sicherheit von Kernreaktoren heute auf einem hohen Niveau ist und durch kontinuierliche Verbesserungen kontinuierlich an Bedeutung gewinnen wird. Die Verwendung von Kernenergie wird auch in der Zukunft eine wichtige Rolle in der Energieerzeugung spielen und es ist von großer Bedeutung, dass dabei die höchstmöglichen Sicherheitsstandards umgesetzt werden.

REAKTORUNFÄLLE: EREIGNISSE WIE THREE MILE ISLAND, TSCHERNOBYL UND FUKUSHIMA

Seit der Entdeckung der Kernspaltung war die nukleare Energie ein heiß diskutiertes Thema in der Gesellschaft. Allerdings haben die schrecklichen Ereignisse von Three Mile Island, Tschernobyl und Fukushima den deutlichen Nachteil der nuklearen Energie hervorgehoben: das Risiko von Reaktorunfällen.

Three Mile Island:
Am 28. März 1979 ereignete sich in Three Mile Island, Pennsylvania, der schwerste Reaktorunfall in der Geschichte der nuklearen Energiegewinnung der USA. Während eines Schaltvorgangs versagte ein Überwachungssystem, das den Druck in den Dampfgeneratoren regelt. Da das System einen Wassermangel anzeigte, schaltete die automatische Steuerung eines der beiden Hauptdruckentlastungsventile ein, und Stücke von Kernmaterial wurden in den Wasserstoffgasen freigesetzt. Die dadurch entstehende Wasserstoff-Explosion erzeugten eine Druckwelle und beschädigten die Gruppe 2 der Wasserstoffgas-Brenner in der Turbinenhalle. Es wurden keine direkten Todesfälle oder Verletzungen gemeldet, aber es ist bekannt, dass Dutzende von Menschen an Krebs erkrankt sind, da es eine kleine Menge an radioaktiven Molekülen in die nahegelegenen Gemeinden freigesetzt wurde.

Tschernobyl:
Am 26. April 1986 ereignete sich im Kernkraftwerk Tschernobyl in der Ukraine die schlimmste nukleare Katastrophe der

Geschichte. Die Explosion und der Brand im vierten Reaktor hinterließen eine radioaktive Wolke, die bis in große Teile Europas reichte. Die offizielle Zahl der Todesopfer und Verletzten ist bis heute umstritten. Laut Schätzungen der Association of Physicians of Chernobyl starben über 16.000 Menschen an den Folgen des Unfalls und eine weitere Million Menschen wurden beeinträchtigt.

Fukushima:

Am 11. März 2011 ereignete sich infolge eines Erdbebens und Tsunamis im Kernkraftwerk Fukushima Daiichi in Japan eine nukleare Katastrophe. Drei Reaktoren waren betroffen, und es kam zur Kernschmelze. Die japanischen Behörden haben seit der Katastrophe mehr als 100.000 Menschen evakuiert. Die tatsächlichen Auswirkungen auf die Umwelt und die öffentliche Gesundheit werden noch untersucht.

Diese Ereignisse werfen Fragen zur Sicherheit der nuklearen Energie auf. Trotz Verbesserungen in der Technologie und der Reaktorsicherheit bleibt die nukleare Energie ein Risiko, dem man sich bewusst sein sollte. Es ist klar, dass bei jedem Reaktorunfall nicht nur Menschenleben und Gesundheit in Gefahr sind sondern auch immense ökonomische Schäden drohen.

DIE AUSWIRKUNGEN VON REAKTORUNFÄLLEN AUF UMWELT UND GESELLSCHAFT

Das Thema nukleare Energie ist immer noch ein kontroverses Thema, insbesondere aufgrund der Auswirkungen von Reaktorunfällen, die in der Vergangenheit auftraten. Drei der bekanntesten Unfälle in der Geschichte der nuklearen Energie sind die in Tschernobyl, Three Mile Island und Fukushima. Sie alle hatten gravierende Auswirkungen auf Umwelt und Gesellschaft.

Tschernobyl, Ukraine
Am 26. April 1986 explodierte Block 4 des Kernkraftwerks Tschernobyl in der Ukraine aufgrund menschlichen Versagens und eines technischen Defekts. Die Explosion und der anschließende Feuersturm in dem an das Kraftwerk anschließenden Reaktorteil haben zur Freisetzung großer Mengen an radioaktiven Stoffen geführt. Die radioaktive Wolke breitete sich schnell aus und erreichte bald andere Länder in Europa. Ungefähr 115.000 Menschen wurden evakuiert, viele wurden Opfer der Strahlung.

Three Mile Island, USA
Am 28. März 1979 gab es im Kernkraftwerk Three Mile Island in Pennsylvania, USA, einen Unfall. Ein Ventil, das überschüssigen Druck im Kühlsystem ablassen sollte, öffnete sich versehentlich und konnte nicht wieder geschlossen werden. Dadurch entstand ein Überdruck im Kühlsystem, der die Brennstäbe erhitzte und zur Freisetzung von radioaktiven Gasen führte. Es kam zu einem teilweisen Kernschmelze. Obwohl niemand direkt ums Leben kam, war die Bevölkerung der Umgebung besorgt wegen der Gefahren von Strahlenbelastungen und der steigenden Krebsrate

in der Folgezeit.

Fukushima, Japan

Am 11. März 2011 wurde Japan von einem schweren Erdbeben und einem Tsunami getroffen. Dadurch wurden das Kraftwerk und die Backup-Einrichtungen in Fukushima, Japan, schwer beschädigt. Die Naturkatastrophe führte zur Zerstörung des Notstromgenerators, der das Kühlsystem des Reaktors betreiben sollte. Dadurch wurden die Brennstäbe nicht mehr ausreichend gekühlt und es kam zu Kernschmelzen. Die radioaktiven Stoffe wurden in die Umgebung freigesetzt, wodurch das Gebiet bis heute unbewohnbar ist.

Die Auswirkungen von Reaktorunfällen auf Umwelt und Gesellschaft sind langfristig und können schwerwiegend sein. Die Strahlenbelastung geht über Jahre hinweg weiter, was negative Auswirkungen auf Gesundheit, Kultur und Wirtschaft hat. Die kontaminierten Gebiete können nur langsam regenerieren und es können Jahre oder sogar Jahrzehnte dauern, bis die Umwelt wieder sicher und rein ist.

Reaktorunfälle haben dazu geführt, dass die Sicherheitsvorschriften in der nuklearen Energieindustrie verschärft wurden. Es werden Vorkehrungen getroffen, um potenzielle Probleme zu vermeiden, wie zum Beispiel regelmäßige Inspektionen, strenge Standards, Schulungen der Mitarbeiter und die Einführung von Sicherheitsbereichen rund um nukleare Anlagen. Diese Vorkehrungen verbessern die Sicherheit, können aber niemals eine absolute Garantie dafür geben, dass Unfälle vermieden werden.

Insgesamt haben Reaktorunfälle gezeigt, dass es von entscheidender Bedeutung ist, vorsichtig bei der Nutzung von nuklearer Energie zu sein. Dies erfordert eine sorgfältige Risikobewertung, die Einhaltung von Vorschriften und die Investition in Technologien, die die Sicherheit von Kernreaktoren verbessern.

DIE ROLLE VON REGIERUNGEN IN DER NUKLEAREN ENERGIEPOLITIK

Die nukleare Energie ist ein kontroverses Thema, das die Gesellschaft spaltet. Die Regierungen spielen hier eine wichtige Rolle, um die nukleare Energiepolitik festzulegen und zu kontrollieren. Die Rolle der Regierungen bei der nuklearen Energiepolitik variiert jedoch von Land zu Land.

In einigen Ländern ist die Regierung ein aktiver Förderer der nuklearen Energie und setzt sich für den Aufbau neuer Kernkraftwerke ein. In anderen Ländern ist die Regierung skeptisch gegenüber der nuklearen Energie und fördert stattdessen erneuerbare Energien wie Wind- und Solarenergie.

Die Regierungen haben auch die Aufgabe, die Sicherheit in Kernkraftwerken zu gewährleisten. Dazu müssen sie Sicherheitsstandards erlassen und sicherstellen, dass diese eingehalten werden. Die Regierungen müssen auch sicherstellen, dass die Betreiber von Kernkraftwerken haftbar gemacht werden können, falls eine Katastrophe auftritt.

Die Regierungen müssen auch die Entsorgung von radioaktivem Abfall verwalten. Die nukleare Energie erzeugt große Mengen an radioaktivem Abfall, der für Tausende von Jahren radioaktiv bleiben wird. Die Entsorgung von radioaktivem Abfall ist ein sehr kontroverses Thema und erfordert eine sorgfältige Planung und Kontrolle.

Ein weiteres wichtiges Anliegen der nuklearen Energiepolitik ist die Proliferation von Atomwaffen. Die Technologie, die zur Energieerzeugung in Kernkraftwerken eingesetzt wird, kann auch zur Herstellung von Atomwaffen verwendet werden. Regierungen müssen daher sicherstellen, dass Atomwaffen nicht in die falschen Hände gelangen.

Die Rolle der Regierungen bei der nuklearen Energiepolitik ist also von entscheidender Bedeutung. Sie müssen sicherstellen, dass die nukleare Energie sicher und effektiv eingesetzt wird und dass die Auswirkungen auf die Umwelt und die Gesellschaft minimiert werden. Gleichzeitig müssen sie sicherstellen, dass die nukleare Energiepolitik den nationalen Interessen entspricht, einschließlich der wirtschaftlichen Entwicklung und der Energieversorgungssicherheit.

DIE HERAUSFORDERUNGEN BEI DER ENTSORGUNG VON RADIOAKTIVEM ABFALL

Bei der Produktion von nuklearer Energie fällt radioaktiver Abfall an, der entsorgt werden muss. Radioaktiver Abfall ist gefährlich und kann menschliche Gesundheit und Umwelt schädigen. Die Entsorgung von radioaktivem Abfall ist eine komplexe Aufgabe, die viele Herausforderungen und Risiken mit sich bringt.

Es gibt verschiedene Arten von radioaktivem Abfall, die unterschiedlich entsorgt werden müssen. Niedrig- und mittelaktiver Abfall, wie Werkzeuge, Kleidung, Handschuhe und Filter, kann relativ einfach entsorgt werden. Dieser Abfall wird in speziellen Deponien gelagert, wo er über viele Jahre langsam zerfällt und seine Radioaktivität verliert.

Die Entsorgung von hochradioaktivem Abfall, wie Brennstäben oder verbrauchtem Brennstoff, ist jedoch viel komplizierter. Diese Abfälle sind extrem gefährlich und müssen für sehr lange Zeit gelagert werden. Sie können noch Tausende oder sogar Millionen von Jahren radioaktiv sein.

Es gibt verschiedene Methoden zur Entsorgung von hochradioaktivem Abfall. Eine Methode ist die sogenannte Wiederaufarbeitung von Brennstäben, bei der das verwendete Uran und Plutonium von den Brennstäben wiederverwendet werden können. Diese Methode ist jedoch sehr teuer und auch umstritten, da sie die Verbreitung von nuklearen Materialien begünstigt.

Eine weitere Methode ist die Lagerung in tiefen geologischen Formationen, wie Salzstöcken oder Tonformationen. Diese

Formationen werden so ausgewählt, dass sie so stabil wie möglich sind und kein Wasser enthalten, das den Abfall verunreinigen könnte. Der Abfall wird in speziellen Behältern, die vor Korrosion und Beschädigung geschützt sind, versiegelt und in die Formation gebracht. Es wird angenommen, dass dieser Abfall unterirdisch über Millionen von Jahren stabil bleiben sollte.

Es gibt jedoch auch Bedenken hinsichtlich der Sicherheit von tiefengeologischen Lagerstätten. Beispielsweise könnten starke Erdbeben oder andere Naturereignisse diese Lagerstätten beschädigen und den Abfall freisetzen. Außerdem besteht immer die Möglichkeit, dass technische Fehler bei der Lagerung oder Transport auftraten.

Die Entsorgung von radioaktivem Abfall ist nicht nur eine technische Herausforderung, sondern auch eine politische Herausforderung. Regierungen müssen Entscheidungen darüber treffen, wo und wie der Abfall gelagert wird und wie sicher es ist. Sie müssen sich auch mit Fragen der öffentlichen Meinung und möglicher Widerstände von Gemeinden und Gruppen auseinandersetzen, die gegen die Entsorgung von radioaktivem Abfall in ihrer Nähe sind.

Insgesamt bleibt die Entsorgung von radioaktivem Abfall eine der größten Herausforderungen im Zusammenhang mit der Nutzung nuklearer Energie. Es erfordert eine sorgfältige Planung und Entscheidungsfindung, um sicherzustellen, dass der Abfall sicher entsorgt wird und keine Gefahr für Menschen oder Umwelt darstellt.

DIE ROLLE DER NUKLEAREN ENERGIE IN DER ENERGIEWENDE

Die Energiewende, also der Übergang von fossilen Brennstoffen hin zu erneuerbaren Energien, ist eines der wichtigsten Themen unserer Zeit. Dabei spielt die nukleare Energie eine Rolle, die sowohl von Befürwortern als auch von Kritikern heftig diskutiert wird. Wie passt sie in die Energiewende und welche Rolle kann sie in der Zukunft spielen?

Ein wichtiger Faktor ist die begrenzte Verfügbarkeit erneuerbarer Energien, insbesondere bei der Stromproduktion. Solarenergie ist auf den Sonnenschein begrenzt, Windkraft ist von der Verfügbarkeit von Wind abhängig und Wasserkraft ist an bestimmte Standorte gebunden. Zu Spitzenzeiten oder bei erhöhter Nachfrage müssen andere Energiequellen einspringen, um die Stromversorgung stabil zu halten.

Nukleare Energie hat den Vorteil, dass sie als kontinuierliche Energiequelle ohne Unterbrechung arbeiten kann, unabhängig von Wetterbedingungen und Tageszeiten. Der Betrieb eines Kernkraftwerks erzeugt eine konstante Leistung, die auf die Nachfrage abgestimmt werden kann. Damit bieten Kernreaktoren eine ergänzende Energiequelle zu den erneuerbaren Energien, gerade in Zeiten von hohen Stromnachfragen.

Ein weiterer Vorteil von Kernenergie besteht darin, dass sie dabei helfen kann den CO_2-Ausstoß bei der Stromerzeugung zu reduzieren. Im Gegensatz zu den fossilen Brennstoffen wie Kohle oder Öl emittieren Kernkraftwerke keine klimawirksamen Treibhausgase direkt in die Atmosphäre. Allerdings muss hier auch beachtet werden, dass die Gewinnung der Brennstoffe, der Bau und der Abbau von Kernreaktoren, sowie der Transport von Brennstoffen und Abfällen durchaus klimawirksame Emissionen verursachen.

Allerdings gibt es auch Schwächen der Kernenergie, die ihre Rolle in der Energiewende in Frage stellen. Zum einen ist die Errichtung und der Betrieb von Kernkraftwerken teuer und erfordert eine hohe Investition und langfristige finanzielle Verpflichtungen. Zum anderen sind die Risiken von nuklearen Unfällen und ihre Auswirkungen auf die Umwelt und das menschliche Leben unbestreitbar. Zum Beispiel transportiert das Kühlwasser von Kernkraftwerken Wärme in Wasser oder Flussläufe, was sich auf die Umwelt und das Ökosystem in der Umgebung auswirkt.

Ein weiteres Problem besteht darin, dass radioaktive Abfälle produziert werden, die für eine lange Zeit unsichere Lagerung benötigen, die mit hohen Kosten und Sicherheitsbedenken verbunden ist. Diese Lagerung stellt eine Herausforderung für die Entsorgung und die öffentliche Akzeptanz dar.

Fazit

Nukleare Energie ist in der Debatte um Energiewende ein wichtiges Thema. Insbesondere in Zeiten von hohem Energieverbrauch und bei der CO_2-Reduktion kann nukleare Energie eine Chance darstellen. Allerdings ist die Errichtung und der Betrieb von Kernkraftwerken und die Entsorgung der radioaktiven Abfälle noch immer ein heikles Thema. Andere Energiequellen wie Solarenergie, Windkraft und Wasserkraft bleiben daher als primäre Energiequellen für die Zukunft der Energiewende.

DIE KONKURRENZ ZWISCHEN ERNEUERBAREN ENERGIEN UND NUKLEARER ENERGIE

Die Konkurrenz zwischen erneuerbaren Energien und nuklearer Energie ist seit langem ein strittiges Thema. Befürworter der erneuerbaren Energien argumentieren, dass Solar-, Wind- und Wasserkraft eine nachhaltigere und umweltfreundlichere Energiequelle sind als Kernenergie, da sie keine Kernreaktoren benötigen und somit kein nuklearer Abfall produziert wird. Gegner wiederum argumentieren, dass erneuerbare Energien nicht in der Lage sind, die benötigte Energie zu liefern und dass Kernenergie eine wichtige Rolle in der Energiewirtschaft spielt.

Ein bedeutender Vorteil der nuklearen Energie gegenüber erneuerbaren Energien ist ihre zuverlässige und konstante Stromversorgung. Kernkraftwerke können Strom 24 Stunden am Tag, 7 Tage die Woche produzieren, während Wind- und Solaranlagen von den Witterungsbedingungen abhängig sind und oft nicht in der Lage sind, die benötigte Menge an Energie bereitzustellen. Ein weiterer Vorteil ist die hohe Energieeffizienz von nuklearen Reaktoren, da nur sehr geringe Mengen an Brennstoff benötigt werden, um große Mengen an Energie zu erzeugen.

Erneuerbare Energien haben jedoch den Vorteil, dass sie erneuerbar und nicht endlich sind. Solarenergie, Windenergie und Geothermie haben das Potenzial, den Bedarf an fossilen Brennstoffen langfristig zu verringern. Ein weiterer Vorteil ist die geringere Umweltbelastung. Während der Betrieb von Kernkraftwerken im Allgemeinen keine Treibhausgase emittiert, ist der Abbau und Transport von Uran und der Bau von

Kernkraftwerken energieintensiv.

Einige Länder haben sich dafür entschieden, ihre Stromversorgung aus erneuerbaren Energiequellen zu beziehen und Kernenergie auszuphasen. Deutschland, zum Beispiel, hat das Ziel, alle Atomkraftwerke bis 2022 abzuschalten und die Stromversorgung vollständig auf erneuerbare Energien umzustellen. Andere Länder wie Frankreich, China und Russland setzen hingegen weiterhin auf Kernenergie als Mittel zur Stromerzeugung.

Es bleibt jedoch wichtig zu erwähnen, dass es keine absolute Antwort gibt, welche Energiequelle besser ist als die andere. Jeder hat Vor- und Nachteile, die sorgfältig abgewogen werden müssen. Die Entscheidung, ob erneuerbare Energie oder Kernenergie bevorzugt werden soll, hängt auch von Standort, Witterungsbedingungen und Ressourcenverfügbarkeit ab.

Zusammenfassend ist die Konkurrenz zwischen erneuerbaren Energien und nuklearer Energie ein komplexes Thema, das sorgfältig abgewogen werden muss. Beide Energiequellen haben Vor- und Nachteile, die berücksichtigt werden sollten, wenn es um die Energieversorgung geht. Es ist jedoch klar, dass erneuerbare Energien ein starker Trend sind und eine immer wichtigere Rolle in der Zukunft unseres Stromsystems spielen werden.

DIE FINANZIERUNG VON KERNREAKTOREN UND DIE KOSTEN FÜR DIE STROMPRODUKTION

Die nukleare Energie gehört zu den teuersten Formen der Stromproduktion. Die Finanzierung von Kernreaktoren ist eine komplexe Angelegenheit, die sowohl staatliche als auch private Investitionen erfordert. In diesem Kapitel beleuchten wir die Finanzierungsstrategien von Kernreaktoren und die Kosten, die bei der Stromproduktion anfallen.

Ein nuklearer Reaktor ist eine Investition von mehreren Milliarden Euro. Die Kosten variieren je nach Größe und technischen Anforderungen des Reaktors. Die Kosten für den Bau eines Reaktors sind jedoch nicht die einzigen Ausgaben, die bei der nuklearen Energieerzeugung anfallen. Auch die Wartung, Reparatur und Entsorgung von radioaktivem Abfall sind mit hohen Kosten verbunden.

In vielen Ländern sind staatliche Investitionen in nukleare Energie ein wesentlicher Bestandteil der Energiepolitik. Regierungen bieten finanzielle Anreize, um den Bau von Reaktoren zu fördern. In einigen Fällen werden staatlich garantierte Kredite zur Verfügung gestellt, um den Bau von Reaktoren zu unterstützen. Durch staatliche Investitionen soll die wirtschaftliche Stabilität des Landes und die Versorgung mit Energie gesichert werden.

Private Investitionen in die nukleare Energie sind ebenfalls wichtig. Unternehmen, die in den Bau von Reaktoren investieren, hoffen auf eine rentable Rendite. Finanzielle Anreize wie

Steuergutschriften oder staatliche Subventionen können private Investitionen in die nukleare Energie fördern.

Obwohl nukleare Energie in der Vergangenheit als teuer galt, wird sie manchmal als eine kosteneffiziente Alternative zu erneuerbaren Energien betrachtet. Der Grund dafür ist, dass Kernreaktoren eine konstante Stromversorgung liefern können, während erneuerbare Energien von der Witterung und anderen Umständen abhängig sind. Zudem sind die Kosten für die Stromproduktion bei nuklearer Energie relativ stabil, während die Preise für erneuerbare Energien aufgrund ihrer Abhängigkeit von Wetterbedingungen schwanken können.

Allerdings sind die Kosten für die Stromproduktion bei nuklearer Energie tendenziell höher als bei erneuerbaren Energiequellen. Die Kosten für den Bau und Betrieb von Kernkraftwerken sind immer noch höher als die Kosten für die Installation von Sonnenkollektoren oder Windturbinen. Hinzu kommen die Kosten für den Transport und die Entsorgung von radioaktivem Abfall, die auch bei der Produktion von erneuerbarer Energie nicht anfallen.

Insgesamt hängen die Finanzierung und Kosten der nuklearen Energie stark von den politischen und wirtschaftlichen Bedingungen des Landes ab. Die staatliche Unterstützung und private Investitionen in die nukleare Energie sind oft notwendig, um den Bau und Betrieb von Kernreaktoren zu ermöglichen. Obwohl die Kosten für die Stromproduktion bei nuklearer Energie höher sein können als bei erneuerbaren Energien, bietet sie dennoch eine alternative, zuverlässige Energiequelle.

DIE ZUKUNFT DER KERNENERGIE: PROGNOSEN UND PERSPEKTIVEN

Die nukleare Energie ist seit Jahrzehnten ein Thema, das kontrovers diskutiert wird. Während einige es als eine wichtige Technologie betrachten, um den Energiebedarf zu decken, sind andere gegen sie, aufgrund von Sicherheitsbedenken und Entsorgungsproblemen. Trotz dieser Debatten wird die nukleare Energie weltweit weiterhin genutzt und forscht auch auf der Suche nach Verbesserungen und Innovationen.

In Bezug auf die zukünftige Rolle der Kernenergie gibt es zwei Hauptprognosen: Pessimistische und optimistische.

Die pessimistische Prognose zeigt, dass der Anteil der nuklearen Energie an der globalen Energieerzeugung in den letzten Jahren gesunken ist und die Energieversorgung in Zukunft von erneuerbaren Energien dominiert wird. Dies wird darauf zurückgeführt, dass nukleare Kraftwerke alt werden und es schwierig ist, neue zu bauen, da sie hohe Investitionskosten und langwierige Genehmigungsprozesse erfordern. Die öffentliche Wahrnehmung der nuklearen Energie als unsicher und problematisch sowie die Anforderungen an die Entsorgung von radioaktivem Abfallverlängern die Genehmigungszeit und machen die Finanzierung schwierig. Aus all diesen Gründen können pessimistische Prognosen davon ausgehen, dass der Anteil der Kernenergie in der Zukunft weiter sinken wird.

Die optimistische Prognose geht davon aus, dass die nukleare Energie trotz der Herausforderungen und Risiken auch in Zukunft eine wichtige Rolle spielen wird. Derzeit arbeiten Forschende und Techniker auf der ganzen Welt an neuen fortschrittlichen Reaktordesigns und Brennstoffen, die sicherer und effizienter sind. Neue Fortschritte in der Technologie ermöglichen schnellere und kostengünstigere Genehmigungsverfahren sowie Investitionen in den Neubau von Kraftwerken. Einige haben auch Argumente dafür vorgebracht, dass die nukleare Energie notwendig sein könnte, um die Energiebedürfnisse in einer wachsenden Weltbevölkerung zu erreichen, insbesondere in Entwicklungsländern, die auf bezahlbare und zuverlässige Energiequellen angewiesen sind.

Tatsache ist, dass es schwierig ist, genau vorherzusagen, welche Rolle die nukleare Energie in der Zukunft spielen wird. Es gibt viele Faktoren, die die Entwicklung bestimmen, und sie können sich je nach Technologie, Finanzierung und öffentlicher Akzeptanz sehr unterschiedlich auswirken.

Eine Möglichkeit, die nukleare Energie zukünftig zu nutzen, wäre die sogenannte "Kernfusion". Hierbei handelt es sich um eine Technologie, bei der Energie durch die Fusion von Wasserstoffatomen erzeugt wird – ähnlich wie in der Sonne. Der Prozess ist sicherer als die herkömmliche Kernspaltung und würde nur geringe Mengen an radioaktivem Abfall produzieren. Jedoch ist das Problem bei der Kernfusion, dass es bis heute nicht gelungen ist, eine stabile und kontrollierte Fusion zu erreichen.

In jedem Fall wird es wichtig sein, energieeffiziente Technologien zu entwickeln und zu nutzen – unabhängig davon, ob die zukünftige Energieversorgung auf Kernenergie oder erneuerbaren Energien basiert. Es wird auch wichtig sein, die öffentliche Wahrnehmung und Akzeptanz der nuklearen Energie zu verbessern sowie sichere und effektive Wege zu finden, um den radioaktiven Abfall zu entsorgen und die Sicherheit von Kernreaktoren zu gewährleisten.

DIE BEDEUTUNG DER INTERNATIONALEN ZUSAMMENARBEIT IN DER NUKLEAREN ENERGIE

Die nukleare Energie ist ein globales Thema, das nicht nur einzelne Nationen betrifft, sondern auch Auswirkungen auf die internationale Sicherheit und Zusammenarbeit hat. Im Falle eines Reaktorunfalls oder einer nuklearen Bedrohung ist es wichtig, dass die betroffenen Länder und die internationale Gemeinschaft zusammenarbeiten, um die Auswirkungen zu minimieren und die Sicherheit der Bürger zu gewährleisten. Aus diesem Grund haben viele Länder internationale Abkommen und Organisationen ins Leben gerufen, um die Zusammenarbeit in der nuklearen Energie zu fördern.

Das wichtigste internationale Abkommen im Bereich der nuklearen Energie ist der Atomwaffensperrvertrag (NPT), der 1968 unterzeichnet wurde. Der NPT hat zum Ziel, die Verbreitung von Atomwaffen zu verhindern und die friedliche Nutzung der Kernenergie zu fördern. Die Unterzeichnerstaaten verpflichten sich dabei zu Inspektionen und Kontrollen ihrer nuklearen Anlagen und zur Zusammenarbeit mit anderen Staaten, um die Nutzung der Kernenergie für friedliche Zwecke zu fördern.

Neben dem NPT gibt es auch andere internationale Organisationen, die sich mit der nuklearen Energie befassen. Eine wichtige Organisation ist die Internationale Atomenergie-Organisation (IAEO), die 1957 gegründet wurde und Teil der Vereinten Nationen ist. Die IAEO hat die Aufgabe, die sichere Nutzung der Kernenergie für friedliche Zwecke zu fördern und die nukleare Sicherheit und Nichtverbreitung zu gewährleisten. Die IAEO arbeitet mit den Mitgliedstaaten zusammen, um nukleare Technologien zu entwickeln und dabei gleichzeitig hohe Sicherheitsstandards zu gewährleisten.

Ein weiteres wichtiges internationales Abkommen ist das Übereinkommen über nukleare Sicherheit (UNS), das 1994 verabschiedet wurde. Das UNS hat zum Ziel, die nukleare Sicherheit weltweit zu verbessern, indem es Sicherheitsstandards für Kernkraftwerke und andere nukleare Anlagen festlegt. Die Vertragsstaaten verpflichten sich dabei zur Zusammenarbeit und zur gegenseitigen Unterstützung in Bezug auf die nukleare Sicherheit.

Die Zusammenarbeit zwischen den Ländern in der nuklearen Energie ist auch wichtig, um die Kosten für den Bau und die Wartung von Kernkraftwerken zu reduzieren. Viele Länder arbeiten dabei mit ausländischen Firmen und Regierungen zusammen, um nukleare Technologien zu entwickeln und beim Bau von Kernkraftwerken zu unterstützen.

Ein Beispiel für eine solche Zusammenarbeit ist das Projekt zur Entwicklung von Kernkraftwerken in Ländern mit Schwellen- oder Entwicklungswirtschaften (INKL), das von der IAEO ins Leben gerufen wurde. Das Projekt soll dazu beitragen, dass Länder mit begrenzten Ressourcen den Nutzen der Kernenergie für die wirtschaftliche Entwicklung nutzen können, während gleichzeitig hohe Sicherheitsstandards eingehalten werden.

Insgesamt ist die internationale Zusammenarbeit in der nuklearen Energie von großer Bedeutung, um die Sicherheit, Nichtverbreitung und friedliche Nutzung der Kernenergie zu gewährleisten. Die Unterstützung und Zusammenarbeit von verschiedenen Ländern und Organisationen kann dazu beitragen, dass die Vorteile der nuklearen Energie genutzt werden können, während gleichzeitig die Risiken minimiert werden.

DIE NUKLEARE ABRÜSTUNG UND DEREN AUSWIRKUNGEN AUF DIE ENERGIEGEWINNUNG

Die nukleare Abrüstung ist ein wichtiger Schritt zur Reduzierung der globalen Atomwaffenarsenale. Es besteht jedoch die Frage, wie sich die nukleare Abrüstung auf die Energiegewinnung auswirkt, insbesondere auf die nukleare Energie. Die nukleare Energie hat in der Vergangenheit eine wichtige Rolle bei der Sicherung der nationalen Sicherheit und der militärischen Macht gespielt. Es gibt auch viele Länder, die die nukleare Energie als eine wichtige Energiequelle betrachten, um ihre wachsende Energiebedarf zu decken. Wenn die Atomwaffenarsenale weiter abgebaut werden, kann dies die Verfügbarkeit von Materialien und Technologien, die zur Energiegewinnung genutzt werden, einschränken oder fördern.

Die Abrüstungsinitiativen können jedoch auch Anreize für Länder schaffen, ihre Atomprogramme in zivile Programme umzugestalten. Dieser Übergang könnte Ländern helfen, ihre Energieversorgung zu diversifizieren und die Abhängigkeit von fossilen Brennstoffen zu reduzieren. Es gibt auch die Möglichkeit, dass die Vorliebe für erneuerbare Energiequellen und andere Technologien, die eine kohlenstoffarme Wirtschaft unterstützen, aufgrund der Abrüstung zunimmt.

Ein weiterer wichtiger Punkt ist, dass die nukleare Abrüstung die Debatte über die nukleare Energiepolitik verändern könnte. Die Diskussion konzentriert sich oft auf die Sicherheit von Atomreaktoren und den Umgang mit radioaktivem Abfall. Eine Abrüstung könnte jedoch auch die Diskussion auf Themen wie die Wirtschaftlichkeit von Atomreaktoren, die Energieversorgungssicherheit und die Bedeutung der erneuerbaren Energien verlagern.

Es ist auch wichtig anzumerken, dass die Abrüstung nicht unbedingt das Ende der nuklearen Energie bedeuten muss. Die Entwicklung neuer Technologien und die Verbesserung des Sicherheitsniveaus könnten dazu beitragen, die nukleare Energie sicherer und effizienter zu machen. Darüber hinaus können Technologien wie die Kernfusion, die noch in der Entwicklung sind, eine neue Art der nuklearen Energiegewinnung darstellen.

Insgesamt kann die nukleare Abrüstung positive Auswirkungen auf die Energiegewinnung haben, indem sie die Verbreitung von Atomwaffen einschränkt und die Umstellung auf erneuerbare Energien erleichtert. Es gibt jedoch auch Herausforderungen, insbesondere hinsichtlich der Verfügbarkeit von Materialien und Technologien. Wenn diese Herausforderungen bewältigt werden können, kann die nukleare Abrüstung letztendlich dazu beitragen, eine sicherere und nachhaltigere Energiezukunft zu schaffen.

DIE AUSWIRKUNGEN VON POLITISCHEM KONFLIKT UND KRIEG AUF DIE NUKLEARE ENERGIEGEWINNUNG

Die nukleare Energie hat von Anfang an die Gefahr von politischen Konflikten und Kriegen mit sich gebracht. Seit ihrer Entdeckung hat die nukleare Technologie enorme Vorteile in Bezug auf die Energieversorgung, aber auch möglicherweise verheerende Auswirkungen auf die Öffentlichkeit und die Umwelt. Im Kontext von politischem Konflikt und Krieg kann die Nuklearkraft eine denkbar gefährliche Rolle spielen.

Ein Gebiet, das von politischen Auseinandersetzungen und kriegerischen Konflikten geprägt ist, ist der Nahe Osten. In der Region gibt es mehrere Länder, die Kernreaktoren betreiben, darunter Israel, Iran und Saudi-Arabien. Im Iran gibt es hierbei besondere Sorgen hinsichtlich der friedlichen Nutzung der Kernenergie, da es mehrere Konflikte mit dem Westen gibt, insbesondere wegen des Verdachts, dass das Land die Technologie auch zur Herstellung von Atomwaffen nutzen könnte.

Auch die Beziehungen zwischen Nordkorea und den USA haben das Potenzial, den Einsatz von nuklearer Energie in der Region zu beeinflussen. Durch das Atomprogramm in Nordkorea und die möglichen Bedrohungen durch die Waffen haben die USA ihre militärische Präsenz in der Region verstärkt, was wiederum das Vertrauen in das friedliche Potenzial der nuklearen Energie beeinträchtigen könnte.

Ein weiteres Problemgebiet ist der Konflikt zwischen Indien und Pakistan. Beide Länder verfügen über nukleare Waffen und haben in der Vergangenheit schon mehrere Kriege gegeneinander geführt. Trotz der sowohl offiziellen als auch inoffiziellen Friedensgespräche gibt es immer wieder Spannungen, die durch die nukleare Aufrüstung in der Region unmittelbarer und potenziell bedrohlicher werden können.

Die Bedrohung durch terroristische Organisationen stellt ebenfalls eine potenzielle Gefährdung der nuklearen Energiegewinnung dar. Der Einsatz von Kernenergie ist aufgrund der Explosionsgefahr anfälliger als andere Energiequellen wie Wind oder Sonne. Eine aufkommende Bedrohung, die die öffentliche Sicherheit beeinträchtigt, könnte somit das Ende der nuklearen Energiegewinnung bedeuten.

An dieser Stelle muss auch die Bedeutung der nuklearen Abrüstung betont werden. Kernwaffen und ihre Trägersysteme wurden entwickelt, um in Kriegen und Konfliktsituationen zum Einsatz zu kommen. Eine Abrüstung könnte dazu beitragen, das Gefahrenpotential der Kernwaffen und der Kernenergie zu verringern. Eine weltweite Konversion von Waffen- zu Energieanlagen könnte die dringend benötigte Ressourceneffizienz und Materialknappheit bewirken.

Letztendlich haben alle Nationen die Verantwortung, die Auswirkungen von politischen Konflikten und Kriegen auf die nukleare Energiegewinnung zu überwachen und sicherzustellen, dass sie trotz aller Schwierigkeiten und Risiken verantwortungsvoll und sicher betrieben werden kann. Eine globale Zusammenarbeit und ein Austausch von Informationen sind notwendig, um die nukleare Energiegewinnung vor den Auswirkungen von Kriegen und Konflikten zu schützen.

DIE AUSWIRKUNGEN VON NATURKATASTROPHEN AUF KERNREAKTOREN

Die letzten Jahrzehnte haben gezeigt, dass Kernreaktoren von einer Vielzahl von Katastrophen heimgesucht wurden, die von menschlichen Fehlern bis hin zu natürlichen Katastrophen reichen. Ein besonderer Schwerpunkt liegt dabei auf der Wirkung von Naturkatastrophen auf Kernreaktoren, die die systemischen Risiken erheblich erhöhen und deren Auswirkungen verheerend sein können.

Eine der schlimmsten Naturkatastrophen, die jemals das nukleare Kraftwerk betroffen haben, war das Erdbeben und der folgende Tsunami in Fukushima im März 2011. Das japanische Atomkraftwerk Fukushima Daiichi wurde von einer sieben Meter hohen Monsterwelle getroffen, die durch ein schweres 9.0 Erdbeben ausgelöst wurde. Die Folgen waren verheerend, und die Reaktoren 1, 2 und 3 wurden unbrauchbar. Trotz der Bemühungen, den Schaden einzudämmen, trat in den Reaktoren eine Kernschmelze auf und führte zu einer großen Freisetzung von Radioaktivität in die Umwelt. Mehr als 160.000 Menschen wurden evakuiert, und die Auswirkungen auf die Ökologie und die Gesundheit der Menschen in der Region sind bis heute zu spüren.

Ein weiteres Beispiel für die Auswirkungen von Naturkatastrophen auf Kernreaktoren war das Erdbeben in der Nähe des russischen Atomkraftwerks Kursk im Jahr 2015. Obwohl der Reaktor selbst den Erdbeben widerstehen konnte, fiel der Strom des Kraftwerks aus, was zu einer kurzfristigen Abschaltung des Reaktors führte. Das Kraftwerk baute jedoch sofort seine Abhängigkeit von unauffällige Notstromgeneratoren zur Aufrechterhaltung des Kühlwassers für den Reaktor auf und verhinderte so eine Kernschmelze.

Es ist offensichtlich, dass Naturkatastrophen eine Bedrohung für Kernreaktoren darstellen können, aber nicht alle Kernkraftwerke sind gleich anfällig für Naturkatastrophen. Zum Beispiel haben Kernkraftwerke, die in Erdbebengebieten liegen, strenge Auflagen in Bezug auf die seismische Belastung, die sie tolerieren müssen, und viele Kernreaktoren sind mit Tsunami-Warnsystemen ausgestattet. Einige Länder schränken den Bau von Kernkraftwerken sogar in Regionen ein, die für bestimmte Naturkatastrophen anfällig sind, um deren Risiken zu minimieren.

Es ist wichtig zu beachten, dass Kernreaktoren nicht die einzige Energiequelle sind, die durch Naturkatastrophen gestört werden können. Erneuerbare Energieressourcen wie Windkraftanlagen und Solarmodule sind ebenfalls anfällig für Naturkatastrophen wie starke Winde und Stürme. In einigen Fällen können jedoch Solar- und Windkraftwerke leichter repariert oder ersetzt werden.

Insgesamt ist es unbestreitbar, dass Naturkatastrophen wie Erdbeben, Tsunamis und Stürme eine Bedrohung für Kernreaktoren darstellen. Es liegt jedoch in der Verantwortung der Kernkraftwerksbetreiber und der Regierungen, sicherzustellen, dass Kernreaktoren sicher, zuverlässig und resistent gegenüber Naturkatastrophen sind.

DAS POTENZIAL DER KERNFUSION ALS ALTERNATIVE ENERGIEQUELLE

Die Kernfusion ist ein Verfahren, bei dem Atomkerne verschmelzen und dadurch Energie freigesetzt wird. Im Gegensatz zur Kernspaltung, bei der schwere Atomkerne aufgespalten werden, setzt die Kernfusion Energie frei, indem leichte Atomkerne miteinander verschmelzen. Das Ergebnis ist eine enorme Freisetzung von Energie, die zur Stromerzeugung genutzt werden kann.

Die Idee der Kernfusion als Energiequelle gibt es schon seit den 1950er Jahren, aber erst in den letzten Jahren ist sie zu einem ernsthaften Thema geworden, weil immer mehr Menschen sich Sorgen machen um den Klimawandel und den steigenden Energiebedarf der Weltbevölkerung. Gleichzeitig gibt es noch viele technische Herausforderungen, die überwunden werden müssen, bevor Kernfusion als Energiequelle praktikabel wird.

Einer der Vorteile der Kernfusion ist, dass sie im Gegensatz zur Kernspaltung keine radioaktiven Abfälle produziert. Die einzigen Abfallprodukte sind Heliumatome, die ungefährlich sind und leicht entsorgt werden können. Außerdem ist das Brennmaterial für die Kernfusion, nämlich Wasserstoff, im Überfluss vorhanden. Ein weiterer Vorteil ist, dass es bei einer Kernfusionsreaktion keine Freisetzung von Kohlendioxid gibt, das zur globalen Erwärmung beiträgt.

Ein großer Nachteil der Kernfusion ist jedoch die technische Herausforderung, sie zu erreichen. Die Verschmelzung von Atomkernen erfordert eine extreme Hitze und einen extremen

Druck, um den Abstoßungseffekt der positiv geladenen Atomkerne zu überwinden und sie in einem Zustand zu halten, in dem sie sich verschmelzen können. Bis heute gibt es keine Technologie, die diesen Zustand aufrechterhalten kann, und die meisten Kernfusionsreaktoren, die gebaut wurden, waren noch nicht in der Lage, mehr Energie zu produzieren, als sie verbraucht haben.

Ein weiterer Nachteil ist die Kostenfrage. Die Forschung und Entwicklung von Kernfusionsreaktoren erfordert enorme finanzielle Investitionen, und es ist unklar, ob sich diese jemals auszahlen werden. Es ist auch unklar, ob Kernfusion irgendwann einmal wirtschaftlich konkurrenzfähig sein wird gegenüber anderen Energiequellen wie fossilen Brennstoffen oder erneuerbaren Energien.

Trotz dieser Herausforderungen gibt es Grund zur Hoffnung, dass Kernfusion eines Tages eine wichtige Energiequelle sein könnte. In den letzten Jahren haben sich mehrere Länder zusammengeschlossen, um gemeinsam an der Entwicklung von Kernfusionsreaktoren zu arbeiten. Das größte und bekannteste dieser Projekte ist ITER, das Internationale Thermonukleare Experimentale Reaktor-Projekt, das derzeit in Südfrankreich gebaut wird. ITER soll erstmals beweisen, dass Kernfusion eine praktikable und nachhaltige Energiequelle sein kann.

Zusammenfassend ist Kernfusion eine vielversprechende und potenziell saubere und sichere Energiequelle der Zukunft. Obwohl es noch viele technische Herausforderungen gibt, gibt es Fortschritte bei der Erforschung und Entwicklung der Technologie, die zu einem Durchbruch führen könnten. Wenn dies gelingt, könnte Kernfusion einen wichtigen Beitrag zur Energiewende und zur Begrenzung des Klimawandels leisten.

DIE NUKLEARE ENERGIE IN DER ÖFFENTLICHKEIT: WAHRNEHMUNG UND MEINUNGSUMFRAGEN

Die nukleare Energie erzeugt bei vielen Menschen kontroverse Meinungen und Ansichten. Einige Menschen befürworten sie als eine reichlich vorhandene, zuverlässige und emissionsfreie Energiequelle, während andere sie aufgrund der erhöhten Risiken und Schäden durch Katastrophen und nukleare Abfälle ablehnen.

Die öffentliche Wahrnehmung der nuklearen Energie hat sich im Laufe der Zeit verändert. In den frühen Tagen nach der Entdeckung von Kernenergie wurde sie allgemein als eine vielversprechende neue Technologie betrachtet. Es gab jedoch eine wachsende öffentliche Besorgnis über Sicherheitsrisiken und Umweltbedenken.

Nach nuklearen Katastrophen wie Tschernobyl und Fukushima wurden die Bedenken hinsichtlich der Sicherheit von Kernreaktoren verstärkt. Diese Vorfälle haben dazu beigetragen, dass die öffentliche Meinung gegenüber der nuklearen Energie zunehmend kritisch ist. Die öffentliche Wahrnehmung wird auch durch kontroverse Diskussionen über den Umgang mit dem Atommüll beeinflusst.

Die Meinungsumfragen haben gezeigt, dass die Mehrheit der Menschen in vielen Ländern der Welt zögerlich ist, Atomkraftwerke in ihrer Nähe zu akzeptieren. Es gab jedoch auch Fälle, in denen die öffentliche Meinung positive Auswirkungen auf den Ausbau der nuklearen Energie hatte. Zum Beispiel unterstützt eine Mehrheit der Finnen ihre Kernkraftwerke, da sie zu wirtschaftlichen und emissionsfreien Energieversorgung beitragen.

In Ländern wie Deutschland, die entschieden haben, ihre Atomkraftwerke zu schließen, zeigt die öffentliche Meinung ein starkes Bewusstsein für die Risiken der Atomkraft sowie ein gesteigertes Interesse an erneuerbaren Energiequellen. Es gibt jedoch auch Länder wie China, Indien, Russland und andere, in denen die öffentliche Wahrnehmung der Kernenergie generell positiver ist.

Die nukleare Energiepolitik hängt oftmals von der öffentlichen Meinung sowie von politischen, wirtschaftlichen und gesellschaftlichen Faktoren ab. Es ist wichtig, die öffentliche Meinung zu berücksichtigen, wenn Entscheidungen über die Energiepolitik getroffen werden. Eine transparente und authentische Kommunikation über die Vor- und Nachteile der nuklearen Energie kann dazu beitragen, die öffentliche Wahrnehmung und das Verständnis für nukleare Energie zu verbessern.

Insgesamt bleibt die öffentliche Wahrnehmung der nuklearen Energie gemischt und kontrovers. Es gibt Befürworter und Gegner der Technologie, und die Meinungen können regional sehr unterschiedlich sein. Die nukleare Energie wird auch in Zukunft ein wichtiger Teil der globalen Energieversorgung bleiben und es ist wichtig, sicherzustellen, dass es eine umfassende Debatte über ihre Rolle und ihre Auswirkungen gibt.

ZUSAMMENFASSUNG UND FAZIT: DIE NUKLEARE ENERGIE ALS TEIL DER GLOBALEN ENERGIEVERSORGUNG.

Die nukleare Energie ist eine der kontrovers diskutierten und umstrittensten Energiequellen weltweit. Trotz ihrer Vorzüge als emissionsarme Energiequelle und ihrer hohen Kapazität zur Stromproduktion ist die Nutzung der nuklearen Energie wegen Gefährdungspotenzialen wie der radioaktiven Strahlung, der Entsorgung des Atommülls, Reaktorunfällen und möglicher terroristischer Anschläge auf Kernkraftwerke sehr umstritten.

Im Laufe dieses Schreibens haben wir uns mit verschiedenen Themenbereichen auseinandergesetzt, angefangen von der Entdeckung der Kernspaltung, den verschiedenen Arten von Kernreaktoren, Vor- und Nachteilen der nuklearen Energie, der Sicherheit von Kernreaktoren, bis hin zur Rolle von Regierungen in der nuklearen Energiepolitik, den Herausforderungen bei der Entsorgung von radioaktivem Abfall, der Rolle der nuklearen Energie in der Energiewende, der Konkurrenz zwischen erneuerbaren Energien und nuklearer Energie, der Finanzierung von Kernreaktoren und den Kosten der Stromproduktion bis hin zur Zukunft der Kernenergie und der internationalen Zusammenarbeit in der nuklearen Energie. Wir haben auch die Bedeutung der nuklearen Abrüstung und deren Auswirkungen auf die Energiegewinnung, die Auswirkungen von politischem Konflikt und Krieg auf die nukleare Energiegewinnung, die Auswirkungen von Naturkatastrophen auf Kernreaktoren, das Potenzial der Kernfusion als alternative Energiequelle und die nukleare Energie in der Öffentlichkeit diskutiert.

Die Zukunft der nuklearen Energie ist ungewiss. Die meisten Länder setzen weiterhin auf eine Kombination aus verschiedenen Energiequellen, um ihre Energiebedürfnisse zu decken. Einige Länder haben sich jedoch entschieden, aus der Atomindustrie auszusteigen und auf erneuerbare Energiequellen umzusteigen, um eine umweltfreundlichere Energieversorgung zu gewährleisten. Die nukleare Energie kann sich aufgrund ihrer hohen Kapazität und Zuverlässigkeit als Energielieferant jedoch als wichtig erweisen und als Teil der globalen Energieversorgung beitragen.

Schlussendlich muss die Entscheidung über die Zukunft der nuklearen Energie von jedem Land individuell getroffen werden. Die nukleare Energie kann ein wichtiger Faktor bei der Stromversorgung sein, jedoch müssen wir auch die Risiken und Gefahren der nuklearen Energie berücksichtigen und diese mit ökologischen und wirtschaftlichen Überlegungen in Einklang bringen. Wenn wir unsere Welt mit einer umweltfreundlichen und nachhaltigen Energieversorgung erhalten wollen, müssen wir alle verfügbaren Energieressourcen effizient einsetzen und weiterhin in der Forschung nach innovativen Technologien suchen, um die Energieversorgung in Zukunft zu verbessern.

www.ingramcontent.com/pod-product-compliance
Lightning Source LLC
Chambersburg PA
CBHW071118220526
45467CB00004B/1934